Jonathan Cardoso

# De la Tierra a Marte

## La historia de la colonización espacial

# Introducción

Primero, los hombres viajaban con su propia imaginación, impulsados por su inteligencia, alimentada por sus mitos. ¿Quién no ha escuchado nunca el mito de Ícaro, el primer hombre en volar? De hecho, desde el comienzo de la historia, ha sido el deseo del hombre llegar a los cielos, el dominio y morada de los dioses, y este deseo nos ha brindado hermosas historias.

Con este libro quiero contar la historia de la astronáutica, que según el diccionario es la ciencia y su tecnología que se ocupa de los vuelos espaciales, pero voy más allá, porque veo la astronáutica como la ciencia que transforma los sueños en realidad. Con este trabajo cierro con broche de oro un proyecto que empecé hace más de 10 años: la colección "Nosotros y el Universo: astronomía", donde esperaba poder enseñarle al mundo lo maravilloso que es el cielo, mucho más que solo esos pequeños los puntos de luz indican que lo son.

Agradezco y reitero mi gratitud a todos los que están siguiendo mi trabajo, a todos los que me ayudaron y apoyaron para llegar hasta aquí.

Esto es no m lenguaje y madre, pero que utiliza los pocos que saben acerca a traducir mi libro y mostrar mis ideas para usted. Soy un escritor brasileño, ¡y espero que les guste este libro porque a mí me encantó escribirlo!

# Parte 1 - Las leyendas del espacio

## EL MITO DE ÍCARO

El ingenio del ser humano está simbolizado en uno de los mitos más bellos de la antigüedad, un mito que revela el deseo del ser humano de volar: el mito de Ícaro. Según los griegos, Ícaro era el hijo de Dédalo, que era el hombre más hábil y creativo de toda Hellas.

Dédalo fue llamado a crear un laberinto en Creta, a pedido del rey Minos, y allí fue, con su hijo, y creó un laberinto infranqueable, para encarcelar al Minotauro. Dédalo, conocido por sus inventos y la perfección de su obra, creó un laberinto tan ingenioso que llegó a conocerse como el Laberinto de Creta. Pero Dédalo logró irritar al rey Minos. Ayudó a su hija a escapar con un amante, y como castigo, el rey ordenó que el constructor y su hijo fueran arrojados al mazo.

Dédalo sabía que la prisión era insuperable, porque sabía que declarar lo contrario sería lo mismo que difamar su propio trabajo, menospreciar su propio talento. Para escapar de allí, Dédalo diseñó alas, agregó las plumas de varias aves, fijándolas con cera, para que no se desprendan durante el despegue.

Cuando todo estuvo listo, el artista batió sus alas, como hacen los pájaros. Pronto, se encontró suspendido en el aire. Vistió a su hijo con un par de ganadores y le enseñó a volar. Le explicó a su hijo que no volara alto, porque el calor del sol podía derretir la cera que sostenía las plumas de las alas.

Comenzaron a volar y fueron liberados del laberinto que los aprisionaba. Volaron a través del espacio y se sintieron como los mismos Dioses. Sin embargo, Ícaro olvidó las recomendaciones de su padre y se fue volando sin preocuparse por lo que le había dicho el viejo Dédalo. Tomó vuelo alto, hasta que tocó las nubes y no notó que la cera de las alas en su espalda se derretía; haciendo que las plumas se desprendan. Ícaro rápidamente cayó al mar y desapareció.

Cuando Dédalo extrañaba a su hijo, empezó a buscarlo ya gritar: "Hijo, ¿dónde estás?" Voló y voló y no encontró a su hijo, temiendo lo peor, voló sobre el mar y no pasó mucho tiempo antes de encontrar las plumas de las alas de su hijo flotando sobre el mar. Una vez más, lamentó sus propias habilidades. Hace unas horas estaba atrapado en su propio laberinto ahora, estaba de luto por la muerte de su hijo; asesinado por las alas que construyeron tus manos. Voló con el cuerpo de su hijo a una isla cercana, lo enterró y llamó a la isla de Icaria, en su honor.

Vera Historia - Luciano de Samósata

Este es el libro de ciencia ficción más antiguo de la historia, escrito alrededor del 400 a. C. Este trabajo habla de viajes espaciales, formas de vida extraterrestre y guerra interplanetaria. Su libro comienza como este:

"Si les digo que miento, habré dicho al menos una verdad, y espero escapar de la censura general recordando que propongo no decir solo una verdad, desde el principio hasta el final de esta historia".

El libro Vera Historia cuenta una verdadera epopeya astronáutica: un viaje al espacio, con derecho a descender a otro mundo, y aún nos describe cómo sería este mundo y por supuesto, el regreso a nuestro planeta.

La historia comienza con el autor diciéndonos que está a bordo de un barco, navegando por mares extraños, hasta que un torbellino lleva el barco a la Luna. El viaje dura siete días y siete noches, hasta que llegan a una isla en el cielo, resplandeciente. de luz. Los selenitas son altos, calvos y barbudos, siempre enfrascados en una horrenda batalla contra los habitantes del Sol. Su libro no tiene ninguna preocupación científica: no se menciona la gravedad, el vacío, la falta de oxígeno ni nada por el estilo.

Después de este libro, no apareció otro hasta casi un milenio después. Resulta que los pensadores de la época crearon la idea de que la Tierra estaría en el centro del Universo, la Teoría del Geocentrismo. Debido a esto, los escritores no se sintieron atraídos por escribir historias sacando al hombre del centro del universo.

Fue en el año 1010 cuando reapareció un libro con la impronta ficticia: una novela llamada " Las águilas de Kai-Ka'us". La historia cuenta de un rey persa que siempre estaba en aventuras peligrosas. Esta vez, fue persuadido de conquistar la luna. Quería aventurarse en el cosmos de todos modos y conquistar esa isla, la isla flotante del cielo nocturno. Fue entonces cuando reunió una legión de águilas y las domesticó. Y después de muchos, muchos intentos frustrantes, es arrojado de regreso a la Tierra, cayendo a un lugar desconocido. Según la leyenda, las Águilas de Kai-Ka'us son consideradas por los sabios persas como una advertencia para los más atrevidos, para aquellos que desafían los misterios celestiales de los dioses custodiados.

Las primeras historias de carácter científico comenzaron a aparecer en 1634, fue en este año que el célebre matemático y astrónomo Johannes Kepler escribió su libro Somnium (sueño). En su libro, Kepler conoce el vacío celeste, y por eso sus personajes no van a la Luna tirados de alas. Además, Kepler ya es consciente de la dificultad para respirar en la Luna y, por esta razón, los habitantes vivían en cuevas. A diferencia de sus predecesores, Kepler usa datos de observación de telescopios para describir cómo es la luna. Después de Somnium, los viajes espaciales se han vuelto más populares.

En 1638 el libro "El hombre en la luna" fue publicada, escrita por el obispo Inglés Francis Godwin, bajo el seudónimo de Domingo Gonsales. En esta obra, describe el viaje de un noble español arruinado a la luna, con sus gansos domesticados. Durante los años 1638 y 1767, el libro tuvo 25 ediciones y fue traducido a cinco idiomas.

El descubrimiento de un Nuevo Mundo fue escrito en 1640 por otro inglés, llamado John Wilkins. En este libro intenta convencer al lector de que es posible tener otro mundo habitable.

Quien era bien conocido por sus historias celestiales fue Héctor Savinien Cyrando de Bergerac. Dramaturgo filósofo, autor de sátiras y gran entusiasta de la ciencia ficción. Entre 1649 y 1692, escribió dos grandes obras : Voyage dans la Lune e Histoire Comique des États et Empires de Soleil. En la primera historia, Savinien llena varias botellas de rocío y, antes de que salga el sol, esparce el rocío sobre su cuerpo. En cuanto sale el sol, este rocío empieza a evaporarse en tu cuerpo, convirtiéndose en este propulsor de Savinien, haciéndolo volar. Sin embargo, su combustible es bajo y no llega a la luna, pero sí cae en Canadá. Este es el primer libro que sugiere un método razonable en ciencia ficción para llevar a tus héroes al espacio. Hasta ahora, los escritores han transportado a sus personajes al espacio dibujando animales milagrosos, pero en esta historia, Savinien es enganchado por soldados cohete y enviado a la luna cuando aterriza en Canadá.

Entre todas las historias jamás producidas, la más bella de todas fue escrita en 1878, por Julio Verne: De la Tierra a la Luna, que hasta hoy encanta y fascina, convirtiéndose en un gran clásico inmortal. Es admirable, incluso hoy, cómo el libro fue tan profético en relación con la llegada del hombre a la Luna.

1º Según Verne, el partido se llevaría a cabo en la ciudad de Tampa, y sucedió a solo 35 km de distancia, en Cabo Kennedy.

El barco de 2nd Verne tenía tres miembros de la tripulación, al igual que Apollo y Soyuz.

3º El vehículo era cilíndrico-cónico, al igual que los barcos actuales.    4o El tiempo de viaje Tierra-Luna-Tierra, sin aterrizar en el satélite, fue de 8 días, el mismo tiempo que el Apolo 8

Los astronautas de 5th Verne usaron retrocohetes para frenar y cambiar de ruta, y no hace falta decir que lo mismo sucedió con Apollo.

6 Verne ya sabía de la falta de gravedad en la cabina y predijo sus efectos.

Los viajeros del 7º Verne bajaron al mar, cerca de un barco, lo mismo sucedió con las maniobras de recuperación estadounidenses.

La cabina del octavo Verne pesaba 10 toneladas; el módulo lunar pesaba 13.

A pesar de todos los aciertos que tuvo Julio Verne, también cometió algunos errores, lo que no fue obstáculo para que la obra provocara la extraordinaria fascinación que provocaba. Allí nació una nueva forma de escribir ciencia ficción: acercarse a los hechos reales, junto con una especie de visión profética, así, con los ojos abiertos, los hombres empezaron a soñar. De todos modos, Albert Einstein tenía razón cuando dijo: "La imaginación es más poderosa que el conocimiento, agranda la visión, expande la mente, mientras desafía lo imposible. Sin él, el conocimiento se estanca ". O también, como dijo Konstantin Eduardovitch Tsiolkowsky, científico ruso pionero en el estudio de los cohetes y la cosmonáutica: "al principio surgen las ideas, la fantasía, el cuento. Después de ellos, el cálculo científico. Solo entonces, los hombres prácticos podrán hacerlos realidad. Tsiolkowsky falleció en 1935, año del nacimiento del primer hombre (también ruso), que iría al espacio.

## Parte 2 - Cómo funcionan los cohetes

La probable historia de la aparición de cohetes comienza en el siglo XIII, por parte de los chinos. Llenaron las conchas de bambú con salitre, azufre y carbón; Así, nacieron los fuegos artificiales y también el primer sistema de propulsión. Fue en el siglo XVIII cuando los cohetes se convirtieron en metal.

Mucha gente piensa que los cohetes solo se usaron en guerras después de la Segunda Guerra Mundial, pero hay informes de principios del siglo XIII de una invasión mongola en la provincia de Huan, en la frontera occidental del Imperio chino, donde los usó y los llamó de "flechas voladoras de fuego".

Fue a través de los árabes que los europeos se encontraron con los cohetes, y los usaron desde 1453, después del final de la Guerra de los Cien Años, pero pronto desaparecieron y solo regresaron a la escena durante los años de 1803 y 1815, en ese momento. de las guerras napoleónicas.

Los cohetes solo llegaron a ser vistos como un sistema de propulsión para vehículos espaciales por los escritores, pero a finales del siglo XIX y principios del siglo XX, los primeros científicos aparecieron en los cohetes, un sistema de propulsión para vehículos espaciales. Varios nombres destacan en el estudio de los cohetes como sistema de propulsión, pero nombres como el ruso Konstantin Eduardovitch Tsiolkowsky (1857-1935), el alemán Hermann Oberth (1894-1989), el estadounidense Robert Hutchigs Goddard (1882-1945), Sergei Korolev (1907-1966), Valentin Petrovich Glushko (1908-1989) y Werner Von Braun (1912-1977).

Konstantin Tsiolkowsky presentó astrónomos con su ecuación del cohete (conocido como ecuación de Tsiolkovsky) y en la ecuación considera que un dispositivo puede aplicar aceleración al mismo tiempo, expulsando parte de su masa a alta velocidad, en la dirección opuesta, debido a conservación la cantidad de movimiento.

Herman Oberth comenzó a construir cohetes para eventos publicitarios de una película alemana llamada " Frau im Mond" (La mujer en la luna). Fue asistido por Werner Von Braun, quien más tarde vino a ayudar a construir Saturno V, lo que hizo posible el aterrizaje en la luna. Además de toda su contribución a los cohetes, también ayudó mucho con telescopios, reflectores espaciales, estaciones espaciales y trajes espaciales. Oberth también creía en la hipótesis extraterrestre.

Robert Goddard se considera t él padre de cohetes modernos, siendo que uno de los desarrolladores de la tecnología espacial.

Sergei Pavlovich Korolev fue el principal diseñador de cohetes y aviones durante la carrera espacial, siendo considerado el padre de la astronáutica soviética, ya que fue directamente responsable de los éxitos pioneros de la Unión Soviética en la carrera espacial, y eso incluye el exitoso lanzamiento del Sputnik. y la misión que llevó a la perra Laika al espacio. También fue responsable de la misión Vostok, que puso a Yuri Gagarin en órbita terrestre, murió en 1966, mientras la Unión Soviética aún lideraba la Carrera Espacial.

Valentin Petrovich Glushko diseñó varios motores utilizados en los cohetes diseñados por Sergei Korolev, entre ellos, el RD-107, que se convertiría en uno de los más importantes del mundo, utilizado hoy en día en versiones modernizadas.

Werner Magnus Maximilian Von Braun fue un ingeniero alemán, desarrollador del cohete V-2 para los nazis y del cohete Saturn V, para los Estados Unidos. Fue el diseñador del primer gran cohete propulsado por combustible líquido.

Los cohetes tienen su principio de funcionamiento del motor basado en la tercera ley de New ton, la ley de acción y reacción, que postula que cada acción tiene una reacción correspondiente, con la misma intensidad, la misma dirección, pero en el sentido opuesto.

Para eso, imaginemos un espacio cerrado, donde hay un gas ardiendo. Esta combustión producirá presión en todas direcciones. Al cerrarse el espacio no habrá movimiento, pero si introducimos un agujero en esta caja cerrada, los gases se escaparán por allí y luego producirá un empuje. Así es como funciona un cohete.

Tenemos 4 tipos de cohetes, sin embargo, solo tres siguen dominados por la ciencia:

- Cohetes de combustible líquido

Son cohetes donde el combustible y el quemador se almacenan fuera de la cámara de combustión y se bombean y mezclan en la cámara.

- Cohetes de combustible sólido

En este caso, el propulsor (combustible) y el oxidante (quemador) se encuentran en estado sólido dentro de la cámara de combustión. Este fue el primer tipo de cohete creado, después de todo, los chinos ya usaban la técnica del bambú con pólvora, los prototipos de cohetes.

- Cohete de combustible híbrido

Aún en la fase de prueba, tanto el combustible como el oxidante se encuentran en cámaras separadas, en diferentes existencias: líquido / sólido o gaseoso / líquido. Este tipo de cohete se puede considerar como un término medio entre el cohete de combustible sólido y líquido. Países como Brasil y Estados Unidos están trabajando para desarrollar este tipo de cohetes.

- Cohete de antimateria

Este tipo de cohete todavía está solo en papel, ya que presenta una serie de incongruencias. El uso de antimateria como fuerza impulsora puede resultar el más ventajoso de todos, después de todo, la masa completa de la mezcla, ya sea materia o antimateria transformada en energía, permitirá una densidad de energía mucho mayor que la que tenemos en los cohetes actuales. La mayor preocupación en este tipo de cohetes es la producción de antimateria, así como su almacenamiento. Recordando que la antimateria aniquila la materia, puede destruir fácilmente una roca en unas pocas millonésimas de segundo.

## Parte 3 - La carrera espacial

Después de la Segunda Guerra Mundial, dos superpotencias lucharon entre sí: Estados Unidos y la Unión Soviética. El período que se extiende de 1950 a 1990 fue conocido como la Guerra Fría porque no hubo guerra abierta y declarada, no hubo invasiones, ni armas, ni siquiera conflictos. Sin embargo, la rivalidad entre las dos superpotencias fue evidente, y sus esfuerzos se centraron en ser pioneros y explorar el espacio, que en su momento se veía como algo necesario para la seguridad nacional y como símbolo de superioridad tecnológica (e ideológica). Fue en esta atmósfera donde se lanzaron satélites artificiales, vuelos espaciales tripulados alrededor de la Tierra y viajes tripulados a la Luna.

La carrera espacial tuvo su origen en la carrera armamentista, que comenzó poco después del final de la Segunda Guerra Mundial, donde tanto Estados Unidos como la Unión Soviética fueron tras las tecnologías espaciales desarrolladas por los alemanes, así como los propios alemanes, especialistas en tecnología de cohetes. Luego hubo un aumento significativo en el gasto en educación e investigación.

El primer paso hacia la supremacía en el espacio lo dio la Unión Soviética, y eso sucedió el 4 de octubre de 1957. Ese día comenzó la competencia, con la URSS a la cabeza: a las 7; A las 57 p.m., la URSS lanza el primer satélite artificial en la Tierra, Sputnik I.

Los estadounidenses estaban asombrados e incluso asustados por todo el día que tomaron los soviéticos, después de todo, si pudieran enviar un satélite al espacio, ¿qué podrían hacer en la Tierra? Lo que los estadounidenses no sabían era que los soviéticos habían trabajado duro para hacer un cohete para lanzar un misil balístico y no un satélite.

Como impulsados por un impulso tormentoso, los soviéticos ni siquiera esperaron a que se asentara el polvo, y en menos de un mes estaban allí de nuevo, rumbo al espacio. El 3 de noviembre de 1957, el Sputnik II estaba listo para despegar, solo que esta vez con un plan más ambicioso.

Sputnik II no era solo un satélite natural; que lleva a una muy valiosa carga: Sputnik II estaba tomando el primer ser vivo en orbitar el planeta Tierra. El plan era ambicioso y querían saber cómo se comportaría un organismo vivo en el espacio. Unos meses antes, los científicos sacaron un cachorro de las calles de Moscú y lo llamaron Лайка, Laika, no era exactamente el nombre, pero la raza de la que formaba parte. Todo había sido bien planeado y bien preparado, excepto que todos ya sabían que sería un viaje de ida, la sacaron de las calles y la enviaron directamente a su muerte. El plan inicial era que después de unas horas, se liberaría algo de alimento venenoso y ella moriría sin dolor. Los soviéticos afirmaron que el perro le había sobrevivido durante semanas. De todos modos, lo que sucedió fue totalmente diferente a eso: fue recién en 2002 que se filtró información de que luego de una hora que el cachorro llegó al espacio, uno de los sistemas de enfriamiento de la cápsula dejó de funcionar y el cachorro murió de hipertermia. Hoy en día, Laika es sinónimo de superación, de forja, de valentía y aunque esto no revierte su trágica, ha sido honrada de innumerables formas, habiendo aparecido en sellos rusos, obras de ficción de las más diversas naturalezas, música y películas. Hay un monumento en Rusia llamado Monumento a los Conquistadores del Cosmos, que celebra el descubrimiento del pueblo soviético en la exploración espacial, donde ella ocupa un puesto especial, además de tener su propia estatua, en otras partes de Rusia. Pocos humanos se atrevieron a explorar lo desconocido cuando Laika lo enfrentó involuntariamente.

Los estadounidenses no querían quedarse atrás cuando se trataba de Cosmo, y el 31 de enero de 1958 lanzaron su primer satélite artificial, Explore I, mostrando su fuerza y voluntad de que su bandera se izara allí. El 28 de julio de 1958, el entonces 34 presidente de los Estados Unidos, Dwight D. Eisenhower, firma la ley para que la NACA (National Advisory Committee for Aeronautics - Comité Nacional de Asuntos Aeronáuticos) cambie la "c" por la " s", y a partir de ese día se llamaría Nasa. No es solo una cuestión de cambiar de nombre, como NASA significaría Aeronáutica Nacional y Espacio; como puede ver, estaban realmente interesados en ser los colonizadores del espacio, pero los soviéticos éticos todavía estaban a la vanguardia, y todavía iría un paso más hacia el frente.

El 12 de abril de 1961, a las siete de la mañana, el frío era cortante después de todo, hacía 40 grados bajo cero en el cosmódromo de Baikonur. Había un mayor de 27 años llamado Юрий Алексеевич Гагарин, o Yuri Alexeyevich Gagarin. Hasta que lo alcanzaron, los científicos pasaron por una búsqueda rigurosa y él siempre estuvo a la vanguardia, fue por meritocracia: obtuvo un excelente desempeño en la formación y fue de origen campesino -que contaba puntos en el sistema comunista. Por eso fue elegido para pilotar la nave espacial Vostok I. El niño tenía 27 años cuando se convirtió en el primer ser humano en ir al espacio, en el que hizo una órbita completa alrededor del planeta. Estuvo en órbita durante 108 minutos, a una altura de 315 km, en un vuelo totalmente automatizado, con una velocidad aproximada de 28.000 km / h.

    Los expertos soviéticos han calculado incorrectamente (dos veces) la trayectoria de aterrizaje del barco. Este error provocó que la cápsula espacial Gagarin aterrizara en Kazajstán, a más de 320 km de la ubicación planificada originalmente (que era la ubicación de despegue). Esto significó que en el momento del aterrizaje no había nadie esperándolo.

    Los soviéticos declararon que, al aterrizar, Gagarin se encontraba dentro de la cápsula espacial, cuando en realidad el astronauta hizo uso de un paracaídas, saltando a siete kilómetros del suelo. La Unión Soviética negó y este hecho hace años, con miedo de que el vuelo no iba a ser reconocido por organismos internacionales como el piloto no siguió la nave hasta el final.

Algunas personas dicen que él había dicho: "¡Miré por todas partes y no vi a Dios!" Pero se sabe que esto es mentira, después de todo era miembro de la Iglesia Ortodoxa. Pero dijo: "La Tierra es azul, y la transición entre el azul de la Tierra y el negro del Cosmos es suave. Es suficiente espacio para todo el todo mundo. "

Regocijado, sobre todo seres vivos, más rápido que cualquier hombre. El Ícaro moderno salió de los reinos de la gravedad, la fuerza que unía a todos sus hermanos a ese pequeño punto azul, una isla azul en el Cosmos.

Al regresar a la Tierra, Yuri Gagarin se convirtió en una celebridad y, por esa razón, se convirtió en un cartelista del Programa Espacial Soviético y, por lo tanto, no pudo ser enviado al espacio. En la Tierra afirmó: "Los cosmonautas estadounidenses tendrán que atraparnos, saludaremos su éxito, sin embargo, trataremos de mantenernos a la cabeza.

De hecho, los soviéticos estaban corriendo rápido y antes de que los estadounidenses pudieran hacer algo, ya habían preparado un nuevo Vostok y enviaron a Guerman Titov, que pasó 2 horas y 18 minutos en Cosmo.

Sin embargo, los estadounidenses no se rindieron, y finalmente el 20 de febrero de 1962, a bordo de la cápsula espacial Friendship 7, el astronauta estadounidense John Herschel Glenn Jr. se convierte en el primer estadounidense en el espacio. Aunque Gagarin fue el primero, el viaje de John Herschel fue más histórico: ¡fue televisado para 135 millones de personas, que vieron y escucharon lo mejor del espacio! Fue el éxito de John Glenn lo que proporcionó un poco de confianza, contrarrestando parte del miedo a los años de incertidumbre que habían estado plagando a los estadounidenses desde que la Carrera Espacial había comenzado, desde el lanzamiento del Sputnik I.

Los primeros viajes al cosmos fueron gloriosos, pero también incómodos. Cuando John Glenn salió de Friendship 7, dijo: "Vaya, qué calor hace adentro. ¿Y esta cabaña? ¡Es tan pequeña que yo no me sentía en su interior, yo la usaba!"

1967 fue un año de luto para ambos países: Estados Unidos y la URSS lamentaron la muerte de sus héroes. En una carrera feroz, donde solo se veía la línea de meta, los astrónomos se olvidaron de pensar en la vida de sus héroes espaciales y lo pagarían caro. El 26 de enero de 1967, después de varias pruebas no tripuladas con el Apolo 1, los astrónomos Virgil Grissom, Ed White y Roger Chaffee se embarcaron para hacer una última prueba, la prueba tripulada. Los estadounidenses lloraron ese día: en la última prueba, Virgil Grissom informó que la torre había iniciado un incendio en la cabina y abandonarían el módulo, pero debido a problemas de construcción y la alta concentración de humo, no pudieron abrir la trampilla. y murió. tres, dentro del módulo. Tres oficiales aún intentaron abrir la salida de emergencia, incluso con el riesgo de que el combustible del cohete explotara y matara a todos. Se necesitaron cinco minutos para abrir las capas del módulo. El rescate se había retrasado: los tres ya habían muerto. Una vez controlado el fuego y disipado el denso humo del interior de la nave, fue posible encontrar los cuerpos de los astronautas. Virgil Grissom yacía en el suelo de la cápsula, mientras que Edward White fue encontrado cerca de la escotilla, que murió tratando de abrir. Roger Chaffee, por su parte, había sido la orden de permanecer en contacto con la orden fuera de la nave, por lo que acabó muriendo en su asiento.

En algún lugar de la luna, una placa de cobre está grabada con los nombres de ocho astronautas, y entre ellos están los nombres de Virgil Guss Grissom, Edward White y Roger Chaffee.

Tras esta derrota por ignorancia, los soviéticos iban a la cabeza. ¿Podrían haber aprendido de lo que pasaron los estadounidenses, podrían haber evitado otro desastre más? Sin embargo, como lo único que realmente importaba era el dominio del Cosmo, el desastre de Apolo no funcionó.

Soyuz en ruso significa "unión " y nos recuerda el período de la Unión Soviética. Los soviéticos tenían un plan audaz: lanzaron la Soyuz I al espacio el 23 de abril de 1967 y llevaron a bordo al coronel Vladimir Komarov, que estaría en órbita con la nave espacial Soyuz 2 y realizaría un cambio de tripulación antes del regreso a la Tierra.

Sin embargo, la Soyuz I estaba llena de problemas técnicos que terminaron, no solo no se lanzaría la Soyuz II, sino que sería por estos problemas técnicos que el astronauta que la "vistiera" moriría. Poco después de su lanzamiento, uno de los paneles solares no se desplegó, lo que provocó que el suministro de energía al módulo espacial se viera afectado.

Entonces, los sensores de orientación de la nave empezaron a presentar problemas, dificultando la maniobra de la nave y, en la vuelta 13 alrededor del planeta, el sistema de estabilización se detuvo, y, por si fuera poco, el sistema manual no funcionó correctamente. Entonces, el director de vuelo tuvo que abortar la misión.

Poco después de la órbita 18, los retropropulsores se activaron y Soyuz I volvió a entrar en la atmósfera de la Tierra. Todo parecía ir bien, hasta que Komarov intentó disparar el paracaídas principal del módulo para facilitar la caída, función del como freno.

El dispositivo no funcionaba, estaban los paracaídas de reserva, de accionamiento manual, que incluso no funcionaban correctamente.

Vladimir Komarov murió a causa de la colisión de la nave espacial en el suelo, a una velocidad de 140 km / h, seguido por una gran explosión. En el lugar del accidente, hay un parque y un busto del astronauta, para que todos recuerden ese día, para que todos recuerden a Vladimir Komarov, quien sería el primero en cambiar de nave en medio del espacio exterior, pero él fue el primer hombre en sufrir un accidente en un vuelo espacial en la historia universal.

A pesar de que no lograron llegar a la luna, las Soyuz han sido reprogramadas para servir como vehículo de transporte para las estaciones espaciales Salyut, Mir y la Estación Espacial Internacional (ISS).

Aunque sufrió otra tragedia en 1971 con la Soyuz 11 y sufrió otros problemas como abortos no fatales de lanzamientos y accidentes en algunos aterrizajes, la Soyuz se convirtió en el sistema de transporte espacial tripulado más longevo y confiable jamás ideado.

Hasta finales de 1968, los soviéticos y los estadounidenses rediseñaron sus naves espaciales, pero ahora piden que piensen un poco más en los sistemas que protegerían las vidas de sus héroes espaciales. El punto no era solo tomar el control del Cosmos, sino respetar la vida de los hombres que pondrían un pie allí.

## Parte 4 - El vuelo más atrevido del hombre

"Creo que esta nación debe comprometerse a lograr el objetivo, antes de que termine esta década, de llevar a un hombre a la luna y devolverlo sano y salvo a la Tierra. Ningún proyecto espacial en este período será más impresionante para la humanidad o más importante para la exploración espacial a largas distancias; y ninguno será tan difícil o costoso de realizar. Proponemos acelerar el desarrollo de la nave espacial lunar adecuada. Proponemos desarrollar cohetes alternativos de combustible sólido y líquido, mucho más grandes que los que se están desarrollando ahora, hasta que tengamos la ventaja. Proponemos fondos adicionales para otros desarrollos de motores y para exploraciones no tripuladas, que son particularmente importantes para el propósito que esta nación nunca dejará pasar: la supervivencia del hombre que primero realiza este atrevido vuelo, pero de una manera muy real, no lo hará. será un hogar que irá a la Luna. Si hacemos este juicio afirmativamente, será una nación entera, ya que todos debemos trabajar para ponerlo allí.

Este fue el discurso pronunciado por John Fitzgerald Kennedy, el 25 de mayo de 1961, en el Congreso de los Estados Unidos. Creía que era de interés nacional la superioridad estadounidense sobre otras naciones; en su opinión, era intolerable que la Unión Soviética avanzara más en la carrera espacial.

El Programa Apolo fue el nombre del esfuerzo por llevar al hombre a la luna. El equipo fue anunciado el 20 de noviembre de

1967. El comandante sería Neil Alden Armstrong (1930 - 2012). El piloto del módulo de mando sería Michael Collins (1930), y el piloto del módulo lunar sería Edwin Eugène Aldrin Jr. (1930).

El 16 de julio de 1969 a las 13h32m, se lanzó el cohete Saturno V. Doce minutos más tarde entró en órbita, a una altitud de 185,9 por 183,2 km. A las 16h22m, el motor de la tercera etapa S-1VB realizó una inyección translunar quemada (una maniobra orbital, que se encargaría de colocar la sonda en la trayectoria de la Luna.

A las 5:21 pm, el Apolo 11 pasó detrás de la luna. Fue en este momento que la nave puso en marcha su motor para entrar en la órbita lunar. Después de 20 órbitas, la tripulación observó el lugar de aterrizaje con sus propios ojos.

20 de julio, a las 12 h52m. Armstrong y Aldrin se unen a Eagle, comenzando los preparativos para el descenso al suelo lunar. A las 5:44 pm, la cápsula Eagle se separó de Columbia. Michael Collins se quedó solo en Columbia y fue el responsable de inspeccionar Eagle. Fue en

este punto que Neil Armstrong exclamó: "¡El águila tiene alas!"

Domingo 20 de julio de 1969, 20:17 h. Eagle aterrizó, y tuvieron que pensar en un nombre: alussination, el aterrizaje en la luna. Armstrong enfatizó: "Houston, esta es la base de Tranquility. ¡The Eagle (el Águila) ha aterrizado! "

2:39 am Se ha abierto la escotilla y los hombres pueden irse. Prima, Neil Armstrong tiene problemas para conseguir a través de la escotilla junto con su sistema de soporte vital portátil. A las 2:51 am comenzó a descender a la superficie lunar. Más de 600 millones de personas en todo el mundo estaban viendo ese momento por televisión. Él colleja algunas muestras, cuando Buzz Aldrin se le unió en la superficie lunar, comentó:

"¡Magnífica desolación!"

Esos hombres estaban haciendo historia, estaban haciendo historia. Había llegado el momento esperado: Neil Armstrong tomó una bandera y la clavó cinco centímetros en el suelo lunar. Y luego recibió lo que se conoció como la histórica llamada telefónica con el entonces 37° presidente de los Estados Unidos, Richard Milhous Nixon:

"Nixon: Hola, Neil y Buzz. Te hablo por teléfono desde la Oficina Oval de la Casa Blanca. Y esta debe ser sin duda la llamada telefónica más histórica jamás realizada. No puedo decirte lo orgullosos que estamos de todo lo que has hecho. Para todos los estadounidenses, este tiene que ser el día más orgulloso de sus vidas. Y para toda la gente del mundo, estoy seguro de que también se unirán a los estadounidenses en reconocimiento del enorme logro que esto representa. Por lo que has hecho, los cielos se han convertido en parte del mundo del hombre. Y mientras que usted está hablando con nosotros desde el Mar de la Tranquilidad, esto nos inspira a redoblar nuestros esfuerzos para llevar paz y tranquilidad a la Tierra. Por un momento inestimable en toda la historia del hombre, todas las personas en esta Tierra son verdaderamente una: una en su orgullo por lo que has hecho y una en nuestras oraciones para que regresen sanos y salvos a la Tierra.

Armstrong: Gracias, señor presidente. Es un gran honor y privilegio para nosotros estar aquí, representando no solo a los Estados Unidos, sino a hombres de paz de todas las naciones, con interés y curiosidad, y hombres con visión de futuro. Es un honor para nosotros poder participar hoy y aquí".

Pero el aún más histórico momento estaba aún por llegar, el momento en que iba una vez por todas marca de la soberanía de los Estados Unidos frente a otras naciones, que declare que los estadounidenses habían ganado el espacio Raza: Neil Armstrong fue a la nave y descubierto una placa en la etapa de descenso del módulo lunar. Esta placa contenía dos dibujos del planeta Tierra (ambos hemisferios), las firmas de los tres astronautas, por el presidente Nixon, así como una insignia que decía: "AQUÍ, LOS HOMBRES DEL PLANETA TIERRA, PRIMER PISO SOBRE LA LUNA JULIO DE 1969 AD EN PAZ PARA TODA LA HUMANIDAD ". Armstrong describe cómo se ve el suelo de la luna y, mientras camina, dice: "Un pequeño paso para mí, un gran salto para la humanidad".

El regreso a casa fue todo un éxito, casi como lo predijo Jules Verne. Se ha cumplido el objetivo fijado por John Fitzgerald Kennedy a principios de la década.

Muchas cosas que usamos hoy en día solo se inventaron para ayudar a los astronautas en su viaje por el cosmos. Lo más probable es que el teléfono inteligente que usa tenga más tecnología que todo el módulo lunar, que tenía 2kb de ram. Ahora veamos la tecnología que usamos hoy debido a ese viaje, y hay gente que dice que fue una tontería que el hombre fuera a lúa.

Para que el vuelo dejara de ser un desastre para la NASA, decidieron intentar evitar los errores humanos tanto como fuera posible. Por lo tanto, la NASA contrató a Draper Laboratories para construir un sistema de guía basado en computadora y confió en el software para almacenar grandes cantidades de datos.

El criterio de conservación de alimentos que tenemos hoy está ligado al Apolo 11, ya que, en misiones largas, los astronautas necesitaban recibir los más variados tipos de alimentos.

Cuando los corredores de maratón terminan su raza, la y se envuelven en una manta de plata, e mismo ocurre cuando alguien tiene un accidente. Esto fue creado para que los astronautas no sintieran el cambio drástico de temperatura; que a menudo ocurre fuera de la atmósfera.

Hoy estamos acostumbrados a llegar a un establecimiento y ser tomados a temperatura con un medidor de infrarrojos y esto solo es posible porque los astrónomos necesitaban medir las olas de calor del planeta.

¿Qué pasa con los estéreos HI-FI que usamos en nuestros hogares? Es por la tecnología que Armstrong usó para perforar las piedras en el suelo lunar. ¿Qué pasa con los lentes de contacto que embellecen a muchos jóvenes y ayudan a otras personas a ver? Fueron creados para que los ojos de los astronautas no sufrieran la luz ultravioleta.

Después de la pérdida de la vida de los astronautas en 1967, estaban preocupados por vigilar su salud las 24 horas del día, mientras estaban en el espacio. Por eso se crearon monitores cardíacos, como el que vemos en los hospitales.

Muchas de las cosas que usamos hoy, los avances tecnológicos que tenemos, pueden, en la mayoría de los casos, dedicarse a los esfuerzos que han tenido los estadounidenses para colocar a un hombre en el espacio. GPS, Google Earth, el sistema de monitoreo de cámaras son solo más ejemplos de que muchas de las cosas que usamos provienen de la NASA.

Como era de esperar, la Carrera Espacial no se detuvo con la llegada del hombre a la Luna, ni siquiera con la Guerra Fría (que recién terminó en 1975). Aunque terminó, en la década de 1980, se desarrollaron tecnologías, especialmente armas espaciales. Y como arma espacial, nos referimos a cualquier objeto que esté dentro o mordido con un objetivo en la superficie o que esté en la superficie con un objetivo en órbita. Fue durante el mandato de Ronald Regan que Estados Unidos concibió un proyecto que se conoció popularmente como "Star Wars", pero el nombre fue SDI- Iniciativa de Defensa Estratégica o Iniciativa de Defensa

Estratégica. El sistema SDI estaba compuesto principalmente por una red de satélites armados, capaces de detectar y derribar, desde el espacio, misiles balísticos intercontinentales, equipados con ojivas nucleares. Si entrara en funcionamiento, la SDI anularía el poder ofensivo de cualquier país, incluida la URSS. En respuesta, la era de Gorbachov creó el Polyus, un arma espacial equipada con cañones nucleares y un cañón láser, capaz de atacar objetivos en la Tierra y derribar satélites SDI. Sin embargo, en el mes de su lanzamiento, en mayo de 1987, Polyus cayó al océano y el programa fue cancelado. El Programa IDE nunca entró en funcionamiento. En la era Bush, fue rebautizado como Escudo de Misiles, pero fue Barack Obama quien lo canceló para siempre.

## Parte 5 - Sondas espaciales

Cuando miramos hacia atrás y vemos la llegada del hombre a la Luna, ciertamente pensamos que es una gran hazaña tecnológica; y es. Sin embargo, más ingeniosas que eso, fueron las misiones no tripuladas. Debemos recordarlos y darles crédito, después de todo, ellos hicieron los mayores descubrimientos científicos.

La primera sonda espacial fue lanzada por los soviéticos en 1959, llamada Lunik II, que se convirtió en la primera en caer en la órbita del Sol. Después de eso, se lanzaron varias sondas, no solo para la Luna, sino también para otros planetas, no solo enviadas por la Unión Soviética, sino también por los estadounidenses.

Háganos saber ahora, la historia de las sondas espaciales más famosas.

## Programa Mariner

El programa Mariner fue desarrollado por la NASA con el objetivo de explorar los planetas Mercurio, Venus y Marte. Se planearon cinco misiones, con el uso de 10 sondas.

La primera misión exitosa fue Mariner 2, que se lanzó en 1962. Pasó cerca de Venus y obtuvo datos sobre las condiciones atmosféricas de ese planeta.

Mariner 4 se lanzó en 1964, y fue ella quien envió las primeras imágenes de Marte. El Mariner 10 visitó Mercurio y fue en el año

1973 cuando tuvimos la primera información sobre el planeta más cercano al Sol. Mariner 9 fue quien reveló los descubrimientos más importantes sobre el planeta rojo: fotografió un volcán de 27 kilómetros de altura, llamado Monte Olimpo, en honor a la mitología griega, que según ellos era el lugar más alto del universo, el hogar de los dioses. En 1985 los científicos de la NASA revelaron la gran posibilidad de que hubiera agua en forma líquida y en grandes cantidades en el subsuelo de Marte. El Mariner 9 también fotografió los casquetes polares en los polos marcianos, el agua se congeló en una capa de hielo de $CO_2$ que se conoce como nieve carbónica.

## *La serie Misión Mariner*

Mariner 1 - 22/7/1962 - misión programada para ir a Venus, pero debido a una desviación de la ruta, se ordenó la autodestrucción, que ocurrió solo 293 segundos después del lanzamiento.

Mariner 2 - 27 de / 08/1962 – La sonda pasó los 35.000 km de Venus el 14 de diciembre 1962 y envió información valiosa sobre el planeta.

Mariner 3 - 5/11/1964 - Sonda idéntica a la sonda Mariner 4, y ambas se conocieron como Mariner-Mars. La nieve pasó a 9.920 kilómetros de Marte: la superficie marciana fue fotografiada 22 veces por Mariner 4.

Mariner 5 - 14/06/1967 - El 19 de octubre de 1967, el Mariner 5 sobrevoló Venus, recopilando y transmitiendo 8 información.

Mariner 6: esta sonda espacial pasó por Marte el 31 de julio de 1969, tomando fotos y analizando datos de presión atmosférica.

Mariner 7 - 27/03/1969 - A pesar de tener el mismo objetivo que el Mariner 6, el Mariner 7 se benefició de ser el segundo en llegar a Marte. Los científicos pudieron usar el sistema de comando reprogramable de la nave espacial para instruirla a tomar fotos adicionales del polo sur marciano, lo que despertó su interés durante el sobrevuelo del Mariner 6. Una foto incluso mostraba la luna irregular de Marte, Fobos.

Mariner 8 - 18/05/1971 - Debido a una falla en el vehículo de lanzamiento, el Mariner 8 ni siquiera alcanzó la órbita de la Tierra y se estrelló contra el Océano Atlántico poco después de su lanzamiento.

Mariner 9 - 30/05/1971 - Luego de 167 días de viaje, ingresó a la órbita de Marte y fotografió una tormenta de arena, descubrió volcanes y canales y valles, que lleva el nombre de Valles Marines, que es en honor al programa. También fotografió a Phobos y Deimos.

Mariner 10 - 03/11/1973 - Mariner 10 fue el primero en hacer mucho: fue la primera sonda a utilizar la teoría de la aceleración de la gravedad (que postula la idea de usar la fuerza gravitacional de un cuerpo celeste a la navegación ayuda), usó el planeta Venus para llegar a Mercurio. El Mariner 10 también fue la primera sonda en llegar a Mercurio y, para el 18 de marzo de 2011, había sido la única que había visitado ese planeta. Además, envió detalles del planeta Venus y el cometa Kohoutek.

## *El programa Pioneer*

El programa Pioneer se desarrolló en América del Norte para la exploración planetaria no tripulada. Sin embargo, este programa estuvo marcado por la cantidad de errores que tuvo. El nombre de Pioneer se le dio para reafirmar el espíritu pionero de los estadounidenses en el espacio.

Pioneer 0 - 17 de agosto de 1958 - Se suponía que era Pioneer I, pero debido a un defecto 77 segundos después del lanzamiento, fue destruido y no lo llamaron así.

Pioneer 1 - 10/11/1958 - Esta fue la primera nave espacial lanzada por la NASA, porque antes tenía el nombre de NACA (Comité Asesor Nacional de Aeronáutica). Se usaría para orbitar la Luna, pero debido a un error en el momento del lanzamiento, nunca llegó allí.

Pioneer 2 - 8/11/1958 - Esta misión fue la última sonda Pioneer lanzada por el cohete Thor-Able. Debido a un problema en la tercera etapa en el vehículo de lanzamiento, la sonda alcanzó los 1550 km de altitud, volvió a entrar en la atmósfera y se destruyó.

Pioneer 3 - 6/12/1958 - Esta fue la primera sonda en utilizar el cohete Juno. Sin embargo, cuando alcanzó una altitud de 102.360 km de altitud, tuvo una falla en la primera etapa del vehículo de lanzamiento y reingresó a la atmósfera, terminando la misión con estado fallido.

Sin embargo, Pioneer 3 ha recopilado información importante sobre el cinturón de Van Allen, que es una región donde ocurren varios fenómenos en la atmósfera de la Tierra, debido a la alta concentración de partículas en el campo magnético de la Tierra.

Pioneer 4 - 2/02/1959 - Esta es la primera misión estadounidense no tripulada que tiene éxito. Pasó a 58.983 km de la superficie lunar, esta distancia no activó el sensor fotoeléctrico con el que estaba equipado, lo que impidió que se llevaran a cabo los experimentos del Pioneer 4. En marzo de 1959, la sonda entró en la órbita del Sol y se convirtió en la primera en alcanzar la velocidad de escape de la Tierra, que es la velocidad mínima que necesita cualquier objeto sin propulsión para escapar de la atracción gravitacional.

Pioneer P-1 - 24/09/1959 - Esta fue una misión que aún falló en el grupo. El vehículo de lanzamiento explotó su primera etapa mientras aún estaba en la plataforma de lanzamiento. Como todavía era una prueba estática (al probar los motores con el cohete parado), la segunda etapa y la carga útil no estaban presentes en la prueba, por lo que estaban a salvo.

P-3 Pioneer, Pioneer o X - 26/11/1959 - Esta tarea tampoco tuvo éxito porque, después de 45 segundos del lanzamiento, la carcasa de fibra de vidrio que protegía la carga útil se rompió, exponiendo la carga útil. Se perdió la comunicación con las etapas y el barco, después de 104 segundos de su botadura, se perdió.

Pioneer 5 - 03/11/1960 - Esta fue la única investigación del Programa Pioneer lanzada por el cohete Able que tuvo éxito. La sonda confirmó la presencia del campo magnético interplanetario.

Pioneer P-30 o Pioneer Y - 25/09/1960 - La Pioneer P-30 también fue una de las sondas que no tuvo éxito, como la mayoría. La primera etapa funcionó satisfactoriamente; la segunda etapa no alcanzó la fuerza de flotación necesaria. Por lo tanto, la carga útil no alcanzó la órbita y volvió a entrar en la atmósfera.

Pioneer P-31 - Pioneer Z - 15/12/1960 - No hace falta decir que esta misión terminó con un estado fallido. El vehículo de lanzamiento explotó solo 68 segundos después del lanzamiento.

Las misiones pioneras cesaron en 1960, pero en 1965 se reanudó el programa para el estudio del Sistema Solar interior. Pioneer 6, 7, 8 y 9 están en órbita lunar. Solo Pioneer 10 o Pioneer E tuvieron un problema en su lanzamiento en agosto de 1969 y se perdieron.

Pioneer 10 - 02/03/1972 - Pioneer 10 fue diseñado para estudiar el planeta Júpiter. Alcanzó una velocidad de 5.680 km / h, la velocidad más alta alcanzada por cualquier artefacto hecho por el hombre hasta ahora. El 6 de noviembre de 1973, Pioneer 10 comenzó a capturar imágenes de prueba y el 30 de diciembre de ese año, se acercó a 130.000 km de la superficie de Júpiter. Debido a la aceleración gravitacional, la sonda alcanza una velocidad de 132.000 km / h.

Luego de las diversas fotografías tomadas por la Pioneer 10 y luego de pasar unas horas sin tener contacto con la Tierra, reapareció. Se había estado escondiendo detrás del planeta. Ahora está en una trayectoria fuera del Sistema Solar. En 1976 pasó por Saturno, en 1980 por la órbita de Urano y en 1983 por la órbita de Plutón.

En 2003, Pio neer 10 envió su última señal. Hasta entonces, continuó enviando información sobre el Sistema Solar exterior. Pioneer 10 lleva una placa de oro, grabada con la imagen humana, por si es interceptada por seres extraterrestres.

Pioneer 11 - 04/04/1973

Al igual que el Pioneer 10, tiene una placa de oro grabada con la imagen humana. Entre las órbitas de Marte y Júpiter hay una franja llena de asteroides, llamado el Cinturón de Asteroides, tanto Pioneer 10 y 11 pasa a través de él sin problemas, a pesar de que la tasa de colisión fue de 9: 1. El 1 septiembre brasa 1979, Pioneer 11 Hizo las primeras fotografías a poca distancia de Saturno, donde se pueden descubrir las novenas lunas y anillos. Después de eso, Pioneer 11 siguió su ruta fuera del Sistema Solar y en su camino hacia lo desconocido, estaba estudiando el viento solar.

En mayo de 2010, la nave espacial Pioneer 11 estaba a una distancia de 80 Unidades Astronómicas del Sol, en la constelación de Scutum. Para tener una idea, sólo en 14.00 años o incluso más, la sonda pasará la nube de Oort y será totalmente libre de la influencia del Sol

Pioneer H o Pioneer 12: esta sonda estaba programada para ser lanzada en 1974, pero en su lanzamiento fue cancelada. Después de la cancelación de Pioneer H, la NASA trabajó en un nuevo proyecto, que se llamó Pioneer Venus Project, y se lanzó en dos etapas: Pioneer Venus Orbi ter y Pioneer Venus Multiprobe.

El Pioneer Venus Orbiter, o Pioneer 12 fue lanzado el 20 de mayo de 1978. Después de viajar seis meses y dos semanas, la sonda llegó a Venus el 4 de diciembre de 1978 el 4 de diciembre de 1978. Mientras orbitaba el planeta Venus, el Pioneer 12 fue capaz de observar el cometa Halley, cuando todavía era imposible observarlo desde la Tierra; Lo que solo sucedió en febrero de 1986.

Pioneer 12 envió información muy importante sobre el planeta Venus e. en mayo de 1992, el combustible de la sonda se agotó y su órbita disminuyó gradualmente, hasta el 8 de octubre de 1992, y sus últimas señales llegaron a las 19:22 UTC. Después de 14 años, cuatro meses y 18 días, el 22 de octubre de 1992, el Pioneer 12 se desintegró al entrar en la atmósfera de Venus.

Pioneer Venus 2 o Pioneer 13.

Lanzada el 8 de agosto de 1978, la nave llegó a Venus el 9 de diciembre de 1978. La Pioneer 13 llevó consigo cuatro sondas más pequeñas, llamadas Derecha, Día, Norte y Grande, ambas para estudiar la atmósfera de Venus. Ambos cumplieron con su deber, pero la sonda Day continuó enviando datos desde Venus durante 67 minutos después de que entré a la atmósfera.

## *El programa Voyager*

Las latas de Ameri también son responsables del programa Voyager, que se hizo muy famoso después de la película Star Trek: la película, que trata la historia de una civilización digital fundada por la Voyager 6 (nunca lanzada), que busca incansablemente el conocimiento y su creador.

### Voyager 1

La Voyager 1 se lanzó el 5 de septiembre de 1977 y fue diseñada para recopilar datos de Júpiter y Saturno. El 4 de enero de 2021, la Voyager 1 completó 43 años, 4 meses y 9 días de operación (cuando escribo esto), aun transmitiendo datos a la Tierra. El 26 de junio de 2013, la NASA confirmó la información de que la Voyager 1 fue, por primera vez en la historia, el primer objeto creado por el hombre en ingresar al espacio interestelar. Ni siquiera salió del Sistema Solar, sin embargo, ya se encuentra en un espacio llamado autopista magnética, donde está influenciado por otras estrellas de la Vía Láctea.

La Voyager 1 lleva consigo un mensaje de la humanidad para un posible rescate por parte de otra civilización extrasolar. La sonda Pioneer llevaba placas de oro grabadas con inscripciones de la humanidad. Sin embargo, los dos Voyager llevan un poco más de información con ellos. Los barcos llevan un disco fonográfico de 12 pulgadas de cobre y bañado en oro. Este disco toma 115 fotos de la tierra y varios sonidos y un manual de cómo usarlo.

## Voyager 2

La Voyager 2 fue lanzada el 20 de agosto de 1977. El 9 de julio de ese mismo año, la nave espacial se acercó a Júpiter a una distancia de 570.000 kilómetros. Descubrió algunos anillos alrededor de este planeta, así como actividad volcánica en Io, una de sus lunas. La Voyager 2 también descubrió nuevos satélites: Adrastea, Metis y Tebe. El 25 de enero de 1981, la Voyager 2 se acercó a Saturno e hizo hermosas imágenes.

El 24 de enero de 1986, la Voyager 2 llegó a Urano y allí la sonda descubrió varios satélites: Cordelia, Ofelia, Bianca, Cressida, Desdemona, Juliet, Portia, Rosalinda,

Belinda y Puck; así como un anillo delgado alrededor de este planeta. Fue la Voyager 2 la que descubrió que, a diferencia de todos los planetas del Sistema Solar, el polo sur de Urano siempre está mirando hacia el Sol.

En agosto de 1989, la Voyager 2 llegó a Neptuno, tomó varias fotos e investigó su satélite natural, Tritón. Después de pasar º bruto de Plutón órbita, la sonda continuó su camino hacia lo desconocido. A más de 18,7 mil millones de kilómetros de la Tierra, y cada vez más lejos, la Voyager 2 pudo recibir una señal de la Tierra y enviarla nuevamente después de las 5:24 pm.

Al igual que la Voyager 1, la Voyager 2 tiene un disco fonográfico de oro titulado "Songs of the Earth", con 1h30min de música y algunos sonidos de nuestro planeta. El disco lleva la inscripción: "para creadores de música de todos los mundos y de todos los tiempos" (para productores de música de todos los mundos y de todos los tiempos). Por supuesto, el disco tiene una de las sinfonías de Beethoven.

## *El programa Viking*

También creado por los estadounidenses, el programa Viking fue un par de sondas enviadas a Marte.

### Vikingo 1

Esta nave espacial fue lanzada el 20 de agosto de 1975. El 9 de junio de 1976, la nave espacial entró en órbita alrededor del planeta rojo. Cuando el barco llegó al lugar planeado, se vio que el lugar destinado al aterrizaje era demasiado rocoso y difícil de aterrizar. El aterrizaje, programado para el 4 de julio de 1976, tuvo que ser pospuesto y el 20 de julio de ese año, a 28 kilómetros del lugar planeado, aterrizó el Viking 1 a las 11h53min UTC; el lugar se conoció como Chryse Planitia.

El 11 de noviembre de 1982, la nave dejó de funcionar cuando se envió un comando escrito desde la Tierra, lo que provocó una pérdida de comunicación.

### Vikingo 2

La sonda fue lanzada el 9 de septiembre de 1975. Antes de entrar en la órbita de

Marte, la sonda ya estaba enviando imágenes del planeta.

El 3 de septiembre de 1976, el barco aterrizó en Utopia Planitia a las 10:37 pm UTC, pero al igual que el Viking 1, el Viking 2 no duró mucho y el 11 de abril de 1980, sus baterías fallaron y se perdieron. si entra en contacto con la Tierra.

## Mars Pathfinder

El Mars Pathfinder fue una sonda que fue lanzada el 4 de diciembre y aterrizó en Marte el 4 de julio de 1997, en Ares Vallis, transportaba un rover de exploración. Mars Pathfinder innovó en la forma en que los rovers robóticos iban a ser entregados a otros planetas. La sonda también arrojó una cantidad de datos sin precedentes sobre el planeta rojo.

## La sonda espacial Galileo

El nombre del científico y astrónomo italiano Galileo Galilei, quien fue un observador de las lunas de Júpiter, las cuatro más grandes están clasificadas como lunas galileanas (Europa, Ío, Calisto y Ganímedes, ambas descubiertas por él). Lanzado el 18 de octubre de 1989, entrando en la órbita de Júpiter el 7 de diciembre de 1995. Galileo fue el primero en lanzar una sonda sobre el planeta, que transmitió datos de su atmósfera a medida que descendía y fue destruida por la presión y el calor.

La sonda permaneció en órbita alrededor del planeta, estudiando el planeta y sus lunas durante 14 años, hasta que el 21 de abril de 2003 finalizó la misión y la NASA decidió lanzar la nave espacial a la atmósfera de Júpiter. Según los datos transmitidos por Galileo, se cree que la luna Europa abriga un océano debajo de la corteza de hielo, y que en este océano puede haber algún tipo de vida específico; después de todo, el calor necesario no vendría del sol, sino de la actividad volcánica en el centro de la luna. Por eso Galileo fue arrojado sobre Júpiter, para que no "contaminara" y contamine algún tipo de vida que pudiera contener allí.

Cassini-Huygens

La misión espacial no tripulada Cassini-Huygens que fue enviada al planeta Saturno. No se trataba solo de un proyecto estadounidense, sino de un proyecto realizado conjuntamente por la NASA, la ESA (Agencia Espacial Europea) y AZI (Agenzia Zpazialle Italiana). Fue lanzado el 15 de octubre de 1997 y entró en la órbita de Saturno el 1 de julio de 2004 y estuvo en funcionamiento hasta el 15 de septiembre de 2017.

La nave espacial recibió su nombre del astrónomo y matemático franco-italiano Giovanni Cassini, quien descubrió varios satélites en Saturno y varios anillos en el planeta. El nombre también usa el nombre del astrónomo y físico holandés Cristiaan Huygens, quien descubrió Titán en 1655, el satélite más grande de Saturno.

Cassini fue la responsable de descubrir que llueve diamantes en Júpiter y Saturno, debido a la concentración de carbono. Sin embargo, esta pantalla extremos astronómicos antes de que alcance la superficie: porque del Th altas temperaturas e y la concentración de metano, los diamantes, que pueden alcanzar hasta 10 centímetros, terminan disolviendo.

En 2004, las dos naves espaciales se separaron y la nave espacial Cassini comenzó su viaje para aterrizar en Titán, lo que ocurrió el 14 de enero de 2005. Este fue el primer aterrizaje de una nave espacial en un satélite distinto al nuestro. Con este aterrizaje se descubrió que allí llueve metano.

## Parte 6 - Estación espacial

Fue Hermann Oberth quien, en 1923, acuñó la expresión " estación espacial". Lo creó cuando estaba desarrollando una estructura que serviría como punto de partida para viajes a la Luna o Marte.

### Skylab

Skylab - Sky Laboratories (una traducción significa literalmente laboratorio del cielo) - fue lanzado el 14 de mayo de 1973 por los estadounidenses y estaba en órbita de la Tierra a una altitud de 435 kilómetros.

El nombre Skylab también define la misión que llevó a los astronautas a trabajar en el espacio para poner Skylab en funcionamiento.

Sin embargo, en 1979, toda la estructura volvió a entrar en la atmósfera prematuramente, poniendo fin a los esfuerzos estadounidenses por ocupar el espacio de forma permanente.

La estación espacial Mir

El nombre Mir (Мир), puede llegar a significar paz o mundo y fue la experiencia más exitosa de ocupación permanente en el espacio. Operó desde 1986 hasta 2001. Comenzó como propiedad de la Unión Soviética y cuando cayó el comunismo, Mir se convirtió en propiedad rusa.

El 21 de marzo de 2001, era el satélite más grande en órbita, hasta que fue sucedido por la Estación Espacial Internacional, la ISS.

La ISS comenzó a construirse en 1988, y se completó oficialmente el 8 de julio de 2011, incluso comenzó a funcionar antes de su finalización.

# Parte 6 - ojos del hombre en el espacio

Desde un punto de vista único, los telescopios espaciales han estado ayudando a la humanidad a cambiar nuestra comprensión del espacio. Los telescopios espaciales son herramientas muy poderosas en relación a la observación del cosmos, ya que realizan observaciones astronómicas que serían prácticamente imposibles si se llevaran a cabo en la superficie terrestre. Hablemos ahora de los más importantes.

**Observatorio espacial Herschel**

Esta fue una investigación lanzada el 14 de mayo de 2009 por la ESA. Su primer nombre fue Firts - Telescopio infrarrojo lejano y submilimétrico, que significa telescopio infrarrojo de longitud de onda submilimétrica.

Este telescopio fue el primero en cubrir el rango infrarrojo al rango submilimétrico del espectro electromagnético (rango completo de todas las posibles frecuencias de radiación electromagnética).

El Observatorio Espacial Herschel pesaba alrededor de 3,25 toneladas, 9 metros de alto y 4,3 metros de ancho. El espejo estaba hecho de carburo de silicio. El telescopio lleva el nombre del astrónomo británico William Herschel, quien en 1800 descubrió la existencia de una banda en el espectro electromagnético que estaba fuera de la luz visible, y que luego se conoció como infrarroja.

El telescopio espacial Herschel fue el telescopio infrarrojo más poderoso jamás lanzado. Detallaremos aquí sus sorprendentes descubrimientos:

- Oxígeno en el espacio
- Lluvia en Saturno
- Aproximación del asteroide Apophis
- Cinturón de asteroides en estrellas
- Choque de galaxias

- Anillos de polvo en Andrómeda
- Una estrella puede generar 50 planetas como Júpiter
- Fábrica de estrellas
- Nacimiento de estrellas masivas

El telescopio estuvo en funcionamiento hasta el 29 de abril de 2013. Los telescopios que utilizan equipos para detectar el espectro infrarrojo de larga distancia necesitan helio líquido para enfriar sus equipos de observación. En este día, el líquido que enfrió el telescopio se agotó y se sobrecalentó, pero la NASA ya esperaba esto.

**ISSO Space Telescope**

El ISO (Observatorio Espacial Infrarrojo), fue un telescopio espacial para observaciones para observaciones infrarrojas. Este telescopio de alambre se lanzó en 1995, pero su planificación comenzó mucho antes, en 1979. Permaneció en funcionamiento hasta

1998, permaneciendo 8 meses más de lo esperado en el espacio.

## SOHO

El Observatorio Solar y Heliosférico fue lanzado el 2 de diciembre de 1995, y su diseño fue un conjunto entre la ESA y la NASA, y su propósito era estudiar el sol, hoy la sonda continúa enviando información sobre la actividad solar; pero durante su misión, SOHO terminó convirtiéndose en el buscador de cometas más grande de toda la historia de la humanidad.

SOHO fue el encargado de descubrir más de 4000 cometas, en sus 25 años de historia. El último cometa fue llamado SOHO-4000, era tan débil cerca del Sol que SOHO fue el único telescopio que lo vio, y aquí en la Tierra, era invisible.

## TELESCOPIO ESPACIAL SPITZER

Inicialmente, se llamó Stirf, que significaba Space Infrared Telescope Facility, pero su nombre se cambió para honrar al renombrado astrofísico estadounidense Lyman Spitzer, quien fue el primero en sugerir que los telescopios se colocaran en el espacio e hizo varios bocetos para el desarrollo del Hubble. El telescopio Spitzer se lanzó el 25 de agosto de 2003.

El Spitzer capturó imágenes y espectros que se obtuvieron a partir de la detección de radiación térmica infrarroja. Debido a la atmósfera de la Tierra, este tipo de radiación no se puede detectar y Spitzer fue responsable de fotografiar regiones del espacio nunca antes capturadas por telescopios terrestres. Este telescopio hizo descubrimientos increíbles, que incluyen:

- El primer mapa meteorológico de un exoplaneta;
- Cuna escondida de estrellas recién nacidas;
- Una colección creciente de galaxias;

- El anillo más grande de Saturno;
- "Buckyballs" en el espacio;
- Colisiones de sistemas planetarios;
- El primer telescopio para identificar directamente moléculas en la atmósfera de exoplanetas;
- Agujeros negros distantes;
- El exoplaneta más distante;
- Luz directa de un exoplaneta;
- Detección de pequeños asteroides
- Un mapa sin precedentes de la Vía Láctea;
- Galaxias bebés grandes;
- Siete exoplanetas como la Tierra, alrededor de una sola estrella.

Este telescopio fue creado para obtener información del espacio con el fin de comprender los orígenes del Universo, cómo se formaron las estrellas y las galaxias. El 30 de enero de 2020 fue retirado.

# TELESCOPIO ESPACIAL CHANDRA

El Observatorio Espacial de Rayos X Chandra fue lanzado el 23 de julio de 1999 y lleva el nombre del físico indio Subramanyan Chandrasekhar, y es el telescopio de rayos X más poderoso jamás lanzado. Veamos sus principales hallazgos:

- Un anillo brillante alrededor del púlsar principal de la Nebulosa del Cangrejo;
- La supernova más brillante jamás vista, un tipo de supernova predicha antes, pero confirmada con esta foto;
- La velocidad del Cygnus X-1;
- Confirmación de energía oscura.

# TELESCOPIO ESPACIAL HUBBLE

El Telescopio Espacial Hubble fue lanzado el 24 de abril de 1990, pero su historia comienza en 1946, año en que comenzó la iniciativa para su creación. En su camino, Hubble ha experimentado varios problemas, como presupuestos y retrasos. En el año de su lanzamiento, el telescopio mostró una aberración esférica en el espejo, y esto pareció destruir los miles de millones de dólares invertidos en el proyecto. En 1993, se diseñó una misión espacial tripulada para reparar el equipo, lo que hizo que funcionara según lo planeado.

Su nombre viene en honor al astrónomo Edwin Powell Hubble, quien identificó que la velocidad con la que se alejaban las galaxias era proporcional a su distancia, revolucionando la astronomía. Al igual que el astrónomo, el telescopio también revolucionó la astronomía, w i ª todos sus descubrimientos, así como hecho que mucha gente llorar con sus bellas imágenes.

Hubble resolvió algunos viejos problemas de astronomía y los nuevos resultados de las observaciones requerían nuevas tecnologías y las nuevas tecnologías requerían nuevas teorías para explicarlos. Hubble ha limitado el valor de la Constante de Hubble, la medida de la velocidad a la que se expande el Universo.

Además de que Hubble ayudó a refinar las estimaciones de la edad del Universo, también cuestionó las teorías sobre su futuro. Lo que es innegable es que las imágenes que produjo el Hubble son un legado único, las regiones más distantes del cielo levantaron su velo frente a las cámaras del Hubble, abriendo una nueva ventana al universo primordial y descubriendo aún más cosas, como, por ejemplo:

- El violento proceso de nacimiento de una estrella;
- Una infinidad de agujeros negros;
- Un estudio detallado de Júpiter;
- Las imágenes más bellas del Universo.

# TELESCOPIO ESPACIAL JAMES WEBB

El telescopio espacial James Webb es un proyecto de una misión no tripulada, que tiene como objetivo poner en órbita un nuevo telescopio, que en el futuro reemplazará al Hubble cuando se retire; probablemente en 2022. Este es un proyecto de la NASA en conjunto con la ESA.

James Webb debería observar la formación de las primeras galaxias, ver la producción de los elementos por parte de las estrellas y ver los procesos de formación de las estrellas y planetas.

Hasta 2002, el proyecto se denominó Telescopio espacial de próxima generación, con el acrónimo NGST. El término " próxima generación " es una referencia directa al hecho de que debería ser el reemplazo de todos los telescopios.

Sin embargo, incluso el Hubble tiene un rival en tierra. Incluso si no lo cree, hay un súper telescopio en la Tierra que puede alcanzar los resultados del Telescopio Espacial.

Esto plantea una pregunta muy importante e interesante. Si hay un telescopio en la Tierra que puede capturar imágenes tan buenas como las del Hubble, ¿por qué tanto esfuerzo para poner un telescopio en órbita?

Piense en una situación: imagine un acuario y una cámara en la parte inferior. Si el agua está quieta, la foto no se verá tan bien, y si el agua se mueve, la foto se verá borrosa. En este caso, el acuario representa la tierra y el agua representa la atmósfera terrestre.

En Chile, en medio del árido desierto de Atacama, se encuentran los potentes telescopios del Observatorio Europeo Austral. El paisaje incluso nos recuerda al planeta rojo, totalmente tórrido, árido y rojizo. A una altitud de 2600 metros sobre el nivel del mar, los astronautas pueden tener una vista clara de las estrellas. Es un ambiente muy especial para trabajar, la humedad es menor al 10%, es decir, si te quedas afuera todo el día, morirá deshidratado con solo respirar.

En el desierto de Atacama, las noches sin luna son tan oscuras, que es posible contemplar la propia sombra provocada por la débil luz de la Vía Láctea. Los enormes telescopios, con espejos de 8 metros, son de enormes tamaños y cuando cae la noche, emiten rayos láser en la atmósfera para medir con precisión los cambios, de esta manera pueden corregir las imperfecciones provocadas por la atmósfera.

Hoy, el Observatorio Europeo Austral está construyendo el que será el telescopio más grande en la faz de la Tierra, su espejo tendrá 39 metros de diámetro.

Como has visto, el universo tiene más de lo que parece. El espectro magnético va desde los rayos gamma hasta las ondas de radio, y para cada longitud de onda, los astrónomos necesitan un telescopio específico.

En la meseta chilena de Chajnantor, a 5000 metros sobre el nivel del mar, se encuentra el Radiotelescopio más poderoso del mundo. Su nombre es ALMA y cuenta con 60 antenas que escuchan todo el espacio. Camiones especiales transportan las antenas de 12 metros al puesto de observación. Para trabajar allí, los técnicos necesitan oxígeno artificial, la ventaja de esta altitud es que casi ningún tipo de vapor nubla la vista hacia arriba. Sin embargo, incluso el súper radiotelescopio más potente no es suficiente para capturar todos los datos que nos brinda el universo, y por esa razón, los astrónomos combinan varios radiotelescopios alrededor del mundo, formando así el Event Horizon Telescope.

En este caso, los astrónomos convierten todos los telescopios en un solo receptor, es como si todo el planeta fuera una sola antena.

Fue gracias a este sistema que, en 2020, un grupo de astrónomos y astrónomas pudieron, por primera vez, fotografiar un agujero negro.

Aun así, la atmósfera terrestre siempre será un problema a la hora de medir, ya que la radiación infrarroja siempre está bloqueada, y es particularmente interesante para los astrónomos, ya que puede superar nubes de polvo intergaláctico. Luego viaja durante miles de millones de años y se cierra con llave en la puerta de nuestra casa.

> Todo lo que hay que ver en el Universo aún no se ha visto, y eso es lo que los astrónomos están buscando ahora.

## Parte 7 - La colonización de Marte

Si hace 150 años se dijera que colonizaríamos Marte, tal propuesta sería insignificante. Sin embargo, hoy, tal estudio es serio. Para los astrónomos, Marte, después de la Tierra, sería el planeta con más probabilidades de ser habitado, ya que su superficie se parece a la Tierra, en comparación con otros planetas del Sistema Solar. Entre las correspondencias podemos mencionar:

- Agua en estado líquido / sólido;

- Una atmósfera tenue;

- El día en Marte dura un promedio de 24h 39m 35.244;

- La inclinación axial de Marte es de 25.190 y la de la Tierra de 23.44, por tanto, Mar s también tiene estaciones como las de la Tierra.

Space X que crea sus propias leyes para la eventual colonización de Marte. La empresa del multimillonario Elon Musk quiere crear una base habitable para 2050. Según Musk, Marte debería considerarse un planeta libre, y que las leyes de la Tierra no deberían interferir con las leyes marcianas, que deben tener un gobierno y su propio Código.

Una de las primeras preguntas que se deben hacer: si a la vida en la Tierra se le ocurrieron bacterias, ¿quién debería llegar primero a Marte, el hombre o las bacterias?

Según los investigadores, se cree que los primeros habitantes vivos de Marte deben ser bacterias, virus y hongos, donde deben catalizar y operar muchos procesos biológicos esenciales para la vida y la ecología del planet.

Sin embargo, según Michel Mayor, científico que en 1995 descubrió el primer exoplaneta, el S1 Pegassi B (este planeta está a 5 años luz de la Tierra, ubicado en la constelación de Pegaso), también ganador del Premio Nobel de Física 2020 alcalde no cree que la humanidad vaya a colonizar un planeta, para él esto es solo una alucinación.

Sin embargo, la visión de Michel Mayor es colonizar un planeta fuera del Sistema Solar, Marte está mucho más cerca que eso. Mayor sostiene que un viaje fuera del Sistema Solar tomaría mucho tiempo, un viaje a Marte tomaría solo 440 días, pero este es el menor de los problemas. Observa a los demás:

Dinero en efectivo:

En la década de 1970, la NASA tenía el 4,4% del presupuesto federal, bastante diferente del 1% actual. Sin embargo, hay empresas privadas que vislumbran la colonización espacial, como es el caso de Space X, y esta puede convertirse en la primera en cruzar la línea de meta, al fin y al cabo, no dependen del presupuesto público. Sin embargo, Elon Musk tiene que salvarse el bolsillo, ya que un viaje tripulado al planeta rojo fácilmente podría superar los 500.000 millones de dólares.

Radiación:

La radiación solar puede causar serios problemas, incluso en un corto período de tiempo. Un viaje de ida a Marte podría exponer a una persona a 15 veces más radiación de la que se le permite a un trabajador de una planta nuclear. La radiación excesiva puede causar cáncer, demencia, problemas de visión y muerte de los órganos sexuales de los órganos.

En términos generales, y esta es mi opinión sin ningún fundamento político / científico, veo el planeta rojo, dentro de mil años, azul y nuestro planeta hoy azul, rojo, destruido, desolado, abandonado por los ricos y poblado por aquellos. aquí no puedo salir. No tiene sentido pensar en la colonización de otro planeta mientras nuestro planeta, nuestro hogar, nuestro hogar está siendo destruido. ¿Cuál es el punto de mudarse a una casa vieja y renovarla, siempre y cuando tenga una casa nueva, simplemente quédese con ella? Mientras la gente lucha por imponer nuevas leyes para un planeta todavía sin nadie, ¿cómo está la situación de nuestro propio gobierno? Mientras los ricos trabajan en su éxodo a otro planeta, ¿cuál es la situación de los menos favorecidos?

Los seres humanos estamos atravesando un desastroso problema socio - económico: mientras escribo este libro, el mundo atraviesa una grave crisis de salud, una pandemia mundial, el coronavirus. Me gustaría ver los mismos esfuerzos que veo para la colonización de otro mundo dirigidos por el bien de nuestro propio planeta, por el cuidado de sus habitantes, para que la raza humana pueda prevalecer.

## Parte 8 - Turismo espacial

En 2001, Denis Tito visitó la ISS y después de eso, la idea de los viajes espaciales llegar a todo el mundo pasó de la ciencia ficción a la realidad. Sin embargo, sería ridículo decir que esto llegará a todos, después de todo, no todos tienen 60 millones de dólares para saltar al cielo y regresar. Emocionados por la nueva tendencia, Jeff Bezos, Richard Branson y Elon Musk intentan convertirla en una tendencia e intentan hacer que esos viajes sean más baratos.

Jeff Bezos, además de ser el dueño de Amazon, también es dueño de Blue Origin y ya ha probado su cabina tripulada.

En mayo de 2019, Bezos declaró que, además de tener planes para el espacio, Blue Origin también tiene planes para la Luna, y ya tiene un módulo lunar llamado Blue Moon, ha gastado más de $ 579 millones solo para probar un aterrizaje humano en la luna. El nombre de su empresa rinde homenaje a nuestro propio planeta, un pequeño punto azul en la inmensidad de el Universo

Sir Charles Nicholas Branson es un emprendedor multimillonario que abarca múltiples sucursales, es propietario del grupo Virgin y una de las empresas de este grupo es Galactic, y es esta empresa la que se esfuerza por desarrollar una nave espacial comercial y tiene como objetivo proporcionar vuelos espaciales suborbitales para turistas espaciales. Desde 2009 Virgin Galactic ha pospuesto sus vuelos. Los desastres siempre marcan el camino de la empresa.

Elon Reeve Musk es el CEO y CTO de Space X, Tesla Motor s, presidente de Solar City, CEO de Neuralink y actualmente el segundo hombre más rico del mundo, solo superado por Jeff Bezos. A pesar de aparecer en varias series de televisión, series, películas y dibujos animados estadounidenses, Musk es miembro de la Royal Society y ha ganado varios premios por el reconocimiento de su talento intelectual. Además de pensar en una breve colonización marciana, Musk está muy ocupado pensando en proyectos de turismo espacial.

## Parte 9 - Un hotel en el espacio

Un startup llamado Orion Span tiene la intención de lanzar el primer hotel espacial. El hotel se llamó Aurora Space Station y tiene como objetivo hacer que su cliente tenga una verdadera experiencia de astronauta; como ver la aurora boreal y sentir la gravedad cero,

En principio, el hotel tendrá el tamaño de una cabina de jet privado y podrá alojar hasta seis personas, incluida la tripulación. Según Startup, las acomodaciones serán lujosas, incluyendo suites privadas para parejas, y podrán contener varias ventanas, para que sus clientes puedan ver la aurora boreal de la cabaña.

Sin embargo, no fue solo Orion Spa n quien consideró la posibilidad de hacer un hotel en los cielos. Axion Space, con sede en Houston, predice que para 2027, su primera nave espacial comercial estará lista. La empresa tiene menos de 30 meses, pero tiene planes muy audaces y mucho dinero en efectivo.

Otra empresa que mostró gran interés fue Bigelaw Aerospace, que se ha dedicado a la labor de construcción de bases espaciales de bajo costo. Son los pioneros en módulos expandibles, es decir, después de su lanzamiento, se inflan y duplican o triplican su tamaño.

## Conclusión

El deseo de volar está inculcado en el ser humano, y no en vano podemos volar hoy. Podemos volar tan alto, que incluso el cielo no es el límite. Este libro está dedicado a todas las personas que perdieron la vida en busca del sueño de ser libres, de deshacerse de las garras invisibles de la gravedad, la garra que nos sujeta a todos al suelo, pero no nuestros sueños.

Sin embargo, incluso si el hombre va a la Luna o Marte, un barco va al sol o a los extremos del Sistema Solar, es como Dorothy Gale dijo en la película de

1939, El mago de Oz: "no hay lugar mejor que nuestra casa! "

www.ingramcontent.com/pod-product-compliance
Lightning Source LLC
Chambersburg PA
CBHW031535210526
45464CB00003B/1015